四川省工程建设地方标准

四川省在用建筑塔式起重机
安全性鉴定标准

The standard for the appraisal of safe-state of tower-cranes in
service in construction site in Sichuan Province

DB51/T 5063 – 2018

主编部门： 四 川 省 住 房 和 城 乡 建 设 厅
批准部门： 四 川 省 住 房 和 城 乡 建 设 厅
施行日期： 2 0 1 8 年 5 月 1 日

西南交通大学出版社

2018 成 都

图书在版编目（CIP）数据

四川省在用建筑塔式起重机安全性鉴定标准 /四川
省建筑科学研究院，四川省建筑工程质量检测中心主编.
—成都：西南交通大学出版社，2018.5
（四川省工程建设地方标准）
ISBN 978-7-5643-6169-3

Ⅰ. ①四… Ⅱ. ①四… ②四… Ⅲ. ①塔式起重机 –
安全标准 – 四川 Ⅳ. ①TH213.308-65

中国版本图书馆 CIP 数据核字（2018）第 092765 号

四川省工程建设地方标准

四川省在用建筑塔式起重机安全性鉴定标准

<table>
<tr><td rowspan="2">主编单位</td><td>四川省建筑科学研究院</td></tr>
<tr><td>四川省建筑工程质量检测中心</td></tr>
</table>

责 任 编 辑	柳堰龙	
助 理 编 辑	王同晓	
封 面 设 计	原谋书装	
出 版 发 行	西南交通大学出版社 （四川省成都市二环路北一段 111 号 西南交通大学创新大厦 21 楼）	
发 行 部 电 话	028-87600564　028-87600533	
邮 政 编 码	610031	
网　　　　址	http://www.xnjdcbs.com	
印　　　　刷	成都蜀通印务有限责任公司	
成 品 尺 寸	140 mm × 203 mm	
印　　　　张	2	
字　　　　数	47 千	
版　　　　次	2018 年 5 月第 1 版	
印　　　　次	2018 年 5 月第 1 次	
书　　　　号	ISBN 978-7-5643-6169-3	
定　　　　价	24.00 元	

关于发布工程建设地方标准
《四川省在用建筑塔式起重机安全性鉴定标准》
的通知

川建标发〔2018〕181号

各市州及扩权试点县住房城乡建设行政主管部门，各有关单位：

由四川省建筑科学研究院和四川省建筑工程质量检测中心主编的《四川省在用建筑塔式起重机安全性鉴定标准》已经我厅组织专家审查通过，现批准为四川省推荐性工程建设地方标准，编号为：DB51/T 5063－2018，自2018年5月1日起在全省实施，原《在用建筑塔式起重机安全性鉴定标准》DB51/T 5063－2009于本标准实施之日起作废。

该标准由四川省住房和城乡建设厅负责管理，四川省建筑科学研究负责技术内容解释。

四川省住房和城乡建设厅
2018年2月8日

前　言

根据四川省住房和城乡建设厅《关于下达工程建设地方标准〈四川省在用建筑塔式起重机安全性鉴定标准〉修订计划的通知》（川建标发〔2016〕117号）文的要求，由四川省建筑科学研究院、四川省建筑工程质量检测中心会同有关单位修订本标准。

本标准分为八章，内容包括总则、术语及符号、基本规定、机构的安全性鉴定评级、钢结构的安全性鉴定评级、电气系统的安全性鉴定评级、安装后的整机检测、塔式起重机安全性鉴定评级。

本标准在修订过程中，进行了较广泛的调查研究，开展了多次专题讨论，在认真总结实践经验，广泛征求各方面的意见的基础上，依据国家、行业相关标准、规范的要求完成修订。本次修订的主要技术内容包括：标准的适用范围；塔式起重机安全性鉴定年限要求；塔式起重机安全性鉴定单位资质要求；资料审查、机构的安全性鉴定评级；钢结构的安全性鉴定评级；电气系统的安全性鉴定评级；安装后的整机检测。

本标准由四川省住房和城乡建设厅负责管理，四川省建筑科学研究院负责解释。

本标准在执行过程中，请各单位注意总结经验，及时将有关意见和建议反馈给四川省建筑科学研究院（地址：成都市一环路北三段 55 号；电话、传真：028-83344612；邮编：610081；Email：et_sibr@126.com），供今后修订时参考。

本标准主编单位、参编单位和主要起草人、主要审查人：

主 编 单 位：四川省建筑科学研究院
　　　　　　　四川省建筑工程质量检测中心

参 编 单 位：四川省建设工程质量安全监督总站
　　　　　　　四川省建设监察总队
　　　　　　　四川省建筑业协会设备材料和防水工程分会
　　　　　　　四川中兴机械制造有限公司

主要起草人：林　华　　陈述清　　赖　伟　　魏明宇
　　　　　　　王　圣　　席德森　　晋　惠　　雷金虎
　　　　　　　田建国　　余　波　　罗　焱　　王　鹏
　　　　　　　林　东　　肖　军　　牟　华　　黄天河

主要审查人：邓　莉　　向　学　　王庆明　　王栓喜
　　　　　　　谢国涛　　岳韵流　　刘　铭

目　次

Contents

1 总　则

1.0.1 为科学、合理地评定在用建筑塔式起重机的安全性，加强在用建筑塔式起重机的安全技术管理与合理使用,制定本标准。

1.0.2 本标准适用于四川省境内房屋建筑工程和市政工程的建设施工现场在用塔式起重机的安全性鉴定。

1.0.3 本标准规定了在用建筑塔式起重机整体安全性鉴定的检测、检查内容，检测方法及安全性鉴定方法，综合鉴定建筑塔式起重机的安全性。

1.0.4 塔式起重机安全性鉴定除应符合本标准外，尚应符合国家、行业及本省现行相关标准的规定。

2 术语和符号

2.1 术 语

2.1.1 在用建筑塔式起重机 in-service tower cranes

依法生产，合格出厂的用于房屋建筑工程和市政工程的塔式起重机（以下简称塔机）。

2.1.2 构件适修性 repair-suitability of member

残缺或承载力不足的已有构件适于采取修复措施所应具备的技术可行性与经济合理性的总称。

2.1.3 鉴定单元 appraiser system

根据塔机的构造特点，将其划分为若干个可以独立进行鉴定的系统，每一个系统为一鉴定单元。如：钢结构、机构、电气系统。

2.1.4 子单元 sub-system

鉴定单元中可分的单元。一般按总成划分为若干个子单元，即：钢结构鉴定单元分为起重臂、平衡臂、塔帽、塔身等，机构鉴定单元分为起升机构、变幅机构、回转机构、行走机构等，电气系统鉴定单元分为操纵系统、电气装置、安全保护装置等。

2.1.5 构件、零件 member、part

子单元中可以进一步细分的基本鉴定单位，它可以是单件、组合件。

2.1.6 主要构件 dominant member

其自身失效将导致相关构件失效，并危及塔机安全的构件。

2.1.7 一般构件 common member

其自身失效不会导致主要构件失效的构件。

2.2 符　号

a_u、b_u、c_u、d_u——子单元中的构件或零件的安全性等级；

A_u、B_u、C_u、D_u——子单元的安全性等级；

A_{su}、B_{su}、C_{su}、D_{su}——鉴定单元的安全性等级；

A、B、C、D——整机的安全性等级。

3 基本规定

3.1 基本要求

3.1.1 有下列情况之一的塔机应申报安全性鉴定：

1 达到安全性鉴定年限；

2 塔机主要构件重新加工修复或更换后(原制造厂原型号规格除外)；

3 当地经过暴风、大地震后，可能使塔机性能受到损害；

4 其他原因需要鉴定的。

3.1.2 塔机的安全性鉴定年限不得超过以下规定：

1 公称起重力矩 630 kN·m（63 t·m）及以下（含 63 t·m）级别的塔机，需进行安全性鉴定的年限不得超过 8 年；

2 公称起重力矩 630 kN·m ~ 1 250 kN·m（63 t·m ~ 125 t·m）（含 125 t·m）级别的塔机，需进行安全性鉴定的年限不得超过 10 年；

3 公称起重力矩 1 250 kN·m ~ 2 500 kN·m（125 t·m ~ 250 t·m）（含 250 t·m）级别的塔机，需进行安全性鉴定的年限不得超过 12 年；

4 公称起重力矩大于 2 500 kN·m（250 t·m）以上级别的塔机，需进行安全性鉴定的年限不得超过 14 年。

3.1.3 凡使用说明书规定的安全性鉴定年限短于本标准 3.1.2 条规定的，应按使用说明书规定的安全性鉴定年限执行。

3.1.4 凡使用说明书未规定安全性鉴定年限或规定安全性鉴定年限长于本标准3.1.2条规定的，应按本标准3.1.2条规定的安全性鉴定年限执行。

3.1.5 从事塔机鉴定的单位必须是按相关规定取得由负责特种设备安全监督管理部门核准颁发的中华人民共和国特种设备检验检测机构核准证起重机械检验机构甲类证书的单位。

3.1.6 首次申报鉴定之前，应根据本机使用中出现的问题，进行一次全面的检修（不做表面漆），检修后自检（液压顶升机构，应请专业厂或专业机构进行检测），并建立检修、自检记录，然后申报鉴定。

3.1.7 首次鉴定后，鉴定单位应对该塔机建立台账，记录鉴定后塔机的概况及更换、修复的情况，供再次鉴定时参考。塔机鉴定结果为A级的报告，正常情况下有效期为两年；鉴定结果为B级、C级的报告，正常情况下有效期为一年。

3.2 基本内容及程序

3.2.1 塔机安全性鉴定的内容及程序应符合下列规定：

   1 委托申请及受理；

   2 资料审查：查看说明书、合格证、特种设备制造许可证、备案证明、出厂及履历记录、故障记录、保养和修理记录、事故记录、事故报告、自检记录等；

   3 现场综合调查制定有针对性的安全性鉴定方案；

   4 安全性鉴定；

   5 提出整改意见；

6 整机试验；

7 安全性鉴定评级；

8 鉴定报告。

3.3 鉴定评级标准

3.3.1 塔机安全性鉴定评级标准按表 3.3.1 执行。

表 3.3.1　鉴定评级标准

层次	鉴定对象	等级	分级标准	处理要求
一	子单元中的构件或零件	a_u	安全性符合本标准对 a_u 级的要求，不影响整体承载或运行	可不采取措施直接使用
		b_u	安全性略低于 a_u 级的要求，尚不显著影响整体承载或运行	应简单维修、保养后使用
		c_u	安全性不符合 a_u 级的要求，已影响整体承载或运行	应进行彻底的维修或更换
		d_u	安全性极不符合 a_u 级的要求，严重影响整体承载或运行（失效）	必须更换
二	子单元	A_u	安全性符合本标准对 A_u 级的要求，不影响整体承载或运行	可不采取措施直接使用
		B_u	安全性略低于 A_u 级的要求，尚不显著影响整体承载或运行	应简单维修、保养后使用
		C_u	安全性不符合 A_u 级的要求，已影响整体承载或运行	应进行彻底的维修或更换
		D_u	安全性极不符合 A_u 级的要求，严重影响整体承载或运行（失效）	必须整体更换子单元
三	鉴定单元	A_{su}	安全性符合本标准对 A_{su} 级的要求，不影响整体承载或运行	可不采取措施直接使用
		B_{su}	安全性略低于 A_{su} 级的要求，尚不显著影响整体承载或运行	应简单维修、保养后可使用
		C_{su}	安全性不符合 A_{su} 级的要求，已影响整体承载或运行	应进行彻底的维修或局部更换
		D_{su}	安全性极不符合 A_{su} 级的要求，严重影响整体承载或运行（失效）	鉴定单元必须更换

层次	鉴定对象	等级	分级标准	处理要求
四	整机	A	安全性符合本标准对 A 级的要求，不影响整体承载或运行	可不采取措施直接使用
		B	安全性略低于 A 级的要求，尚不显著影响整体承载或运行	进行简单的维修、保养后可使用
		C	安全性不符合 A 级的要求，已影响整体承载或运行	应进行彻底的维修或更换
		D	安全性极不符合 A 级的要求，严重影响整体承载或运行	整机失效

上表中 a_u、A_u、A_{su}、A 级的要求见本标准第 8 章。

3.4 整机失效条件

3.4.1 整机失效条件应符合下列规定（凡出现以下任一情况，整机评定为 D 级。不再解体和逐个子单元检测评级）：

1 对钢结构（起重臂、平衡臂、塔帽、过渡节、回转支承、套架、塔身、底座、驾驶室、拉杆、附着装置）各个子单元进行安全性评级，有三个（含三个）以上的钢结构子单元评为 D_u 级；

2 塔机在事故中结构、机构受到严重损坏，被具有塔机鉴定资质的单位鉴定为已不具有适修性的；

3 塔机主要承载结构件如塔身、起重臂等，失去整体稳定性。

3.5 子单元或构件失效条件

3.5.1 机构重要总成（子单元）有：起升机构、顶升机构、回转机构、变幅机构、大车行走机构。机构子单元失效条件应符合下列规定（出现以下任一情况评定为 D_u 级，不再解体逐个构件检测评定）：

    1 机构在运转中有非正常偏摆、异响和非正常的振动现象，经确认发生耗损失效或退化失效；

    2 齿轮、轴、轴承、轴承座等主要零件严重磨损或耗损失效。

3.5.2 钢结构重要总成（子单元）有：起重臂、塔帽、平衡臂、顶升套架、驾驶室、塔身和底盘（或台车）、附着装置。钢结构子单元失效条件应符合下列规定（出现以下任一情况评为 d_u 级，不再解体逐个构件检测评定）：

    1 主要受力构件产生塑性变形，且不能修复；

    2 主要受力构件如塔身标准节、臂架构件等失去稳定性。

3.5.3 电气系统子单元失效条件应符合下列规定：

    1 安全保护装置（子单元 D_u 级）包括各限位装置，失效条件为：失去灵敏性和可靠性，起不到安全保护作用。

    2 电气装置（子单元 D_u 级）绝缘电阻达不到规定要求，各元件老化、损坏，线路断路、短路，接头松动、脱落或接触不良。

    3 电气控制箱、接线盒、开关盒等（子单元 D_u 级）严重损坏、变形、锈蚀不能继续使用。

4 机构的安全性鉴定评级

4.1 一般规定

4.1.1 机构安全性鉴定按组成部件进行。

4.1.2 机构中主要零部件的更换，宜采用原制造厂同型号的产品。

4.1.3 机构的评定以总体使用效果（启制动的平稳性、正反转的机械冲击性、噪声、振动、跳动等）为主。

4.1.4 机构零部件的检查要求：各机构根据总成自身特点分为若干零部件（组成部件）进行评定，可不进行零件拆分。

4.2 起升机构

4.2.1 起升机构分为：电动机、制动器、减速器、卷筒和滑轮、吊钩等部件。起升机构与塔机主体结构连接应可靠。

4.2.2 电动机的检测评定应满足：外壳完好，动力线接点接触良好，转动平稳，无异响，能正常工作可评定为 a_u 级或 b_u 级；反之可根据情况评定为 c_u 级或 d_u 级。

4.2.3 制动器的检测评定应符合下列规定：

    1 制动器零件的失效，按现行国家标准《塔式起重机安全规程》GB 5144 相关条文判定；

    2 如果有三个及三个以上影响制动性能的零部件失效，则应重新更换一台制动器。瞬时式的制动器宜更换为非瞬时式。制动器或零部件更换以后，可根据其制动效果及工作平稳性评定为 a_u 级或 b_u 级。

4.2.4 减速器的检测评定应满足：外壳完好，传动平稳，无异响，能胜任正常工作可评定为 a_u 级或 b_u 级；反之可根据情况评定为 c_u 级或 d_u 级。

4.2.5 卷筒和滑轮的检测评定应符合下列规定：

　　1 卷筒和滑轮的失效按现行国家标准《塔式起重机安全规程》GB 5144 相关条文判定；

　　2 卷筒和滑轮更换以后，可根据情况评定为 a_u 级或 b_u 级。如果磨损量不到本条第 1 款规定的 50%，可评定为 b_u 级，超过 50%评定为 c_u 级。

4.2.6 吊钩的检测评定应符合下列规定：

　　1 吊钩的失效按现行国家标准《塔式起重机安全规程》GB 5144 相关条文判定；

　　2 吊钩上不得施焊，若吊钩钩体上有焊点，判为失效；

　　3 吊钩组的销轴及其他零部件应完整可靠；

　　4 钩体更换以后，根据销子及吊钩装配结构的情况评定等级。如果吊钩仅仅是磨损，磨损量不到本条第 1 款规定的 50%，可评定为 b_u 级，超过 50%评定为 c_u 级。

4.3　变幅机构

4.3.1 变幅机构包括：电动机、制动器、减速器、卷筒和滑轮、变幅小车等。变幅机构与塔机主体结构连接应可靠。

4.3.2 电动机、制动器、减速器、卷筒和滑轮的检测评定按本标准 4.2.2 ~ 4.2.5 条的规定评定。

4.3.3 变幅小车上，双向均应设置可靠的断绳保护装置。

4.3.4 变幅小车的每一副车轮，均应设置断轴保护装置。断轴保护装置应可靠。

4.3.5 小车变幅车轮的检测评定应符合下列规定：

　　1 车轮的失效应按现行国家标准《塔式起重机安全规程》GB 5144 相关条文判定；

　　2 小车变幅车轮更换以后，可根据情况评定为 a_u 级或 b_u 级。如果磨损量达不到本条第 1 款规定的 50%，评定为 b_u 级，超过 50%评定为 c_u 级。

4.4　回转机构

4.4.1 回转机构包括：电动机、制动器、减速器、大齿圈和小齿轮。回转机构与塔机主体结构连接应可靠。

4.4.2 电动机、制动器、减速器的检测评定按本标准第 4.2.2 ~ 4.2.4 条进行。

4.4.3 大小齿轮的检测与评定应符合下列规定：

齿轮的失效条件：

　　1 齿轮有一牙断裂或破碎，其长度超过原齿宽方向的 1/3；

　　2 齿轮轮毂破裂；

　　3 轮齿咬合表面有剥落现象，齿面点蚀达啮合面的 30%，深度达齿厚的 10%；

　　4 轮齿分度圆齿厚的磨损量已影响正常的啮合关系（测量

或目测）。

4.4.4 大齿圈或小齿轮完好或更换以后，可根据情况评定为 a_u 级或 b_u 级。磨损量不影响正常使用，可评定为 b_u 级，磨损量接近影响啮合关系时评定为 c_u 级。

4.5 顶升机构

4.5.1 液压顶升机构包括油缸、液压站、液压胶管等。

1 外观检查：顶升油缸缸体表面腐蚀程度检查；面板、底板、罩壳锈蚀程度检查；活塞杆镀铬层应无剥落或锈蚀；缸头、杆头应无裂纹，耳孔应无损坏；管件、液压站及液压锁的连接应可靠、无渗漏；

2 液压油的检查：油液变成灰黑色（含杂质或氧化物）、乳白色（含水）、变稠（黏温性变差），均不合格。

4.6 大车行走机构

4.6.1 大车行走机构的驱动装置，分别由电动机、联轴器、制动器、减速器、行走轮组成。

4.6.2 电动机、制动器、减速器的评定应参照本标准第 4.2.2 ~ 4.2.4 条的规定，行走轮应参照本标准第 4.3.5 条的规定。

5 钢结构的安全性鉴定评级

5.1 一般规定

5.1.1 塔机钢结构的安全性鉴定应进行解体检测。

5.1.2 塔机钢结构的焊缝根据重要程度分为重要焊缝和一般焊缝。重要焊缝包括钢结构构件或子单元两端的接头焊缝或连接件与主弦杆焊接的焊缝；一般焊缝为构件或子单元中腹杆与主弦杆连接的焊缝或一些辅助结构的焊缝。重要焊缝及周围应打磨进行无损探伤，一般焊缝用 10 倍放大镜检查。

5.1.3 钢结构分部件检测完成后，应根据检测的情况按本标准第 8 章鉴定评级。

5.1.4 解体检测应符合下列规定：

　　1 钢结构分总成（子单元）或构件解体。凡是铰接、螺栓连接处都应拆开。

　　2 塔机钢结构重要焊缝无损检测时，发现超标（不满足Ⅱ级焊缝要求）的裂纹，应根据受力及裂纹的位置采取加强或重新施焊等措施，并在使用中定期观察其发展，再次产生裂纹的构件应判为失效。

　　3 塔机主要承载结构件由于腐蚀或磨损等原因使结构的计算应力提高，当超过原计算应力的 15% 时应判为失效。对无计算条件的当腐蚀深度达到原厚度的 10% 时应判为失效。

　　4 各结构件应进行变形检测：主肢直线度偏差不大于 $L/1\,000$，结构件节间弦杆的直线度偏差不大于 $L/750$（L 为所测杆件长度）。

　　5 钢结构各构件或子单元检测时选择三个截面（两端、中部各一个截面），用测厚仪分别测量三个截面的构件壁厚及规格。在每个截面的上、下、左、右各测一点，并记录。根据测量值确定腐蚀情况。除掉锈斑，检查锈蚀深度。

5.2 主要连接件

5.2.1 螺栓、螺母的技术评定应符合下列规定（检测结果纳入相应子单元评级）：

1 螺栓的螺纹有倒牙、乱扣现象应视为失效。

2 严重锈蚀或螺杆弯曲变形的螺栓应视为失效。

3 所有螺栓禁止采取粘结、焊接等手段修复后再用。

4 重要受力部位连接螺栓的技术要求应符合下列规定：

1）塔身标准节接头连接螺栓、底架连接螺栓、起重臂连接螺栓、平衡臂连接螺栓、必须逐一经无损探伤检测合格后才能使用。这些螺栓若需要重新购置，宜与原厂联系购买；

2）其余螺栓，必须逐一检查，确认无裂纹及其他缺陷方可继续使用，否则应更换。

5.2.2 铰连接销轴的技术评定应符合下列规定（检测结果纳入相应子单元评级）：

1 铰销轴表面严重锈蚀或有锈蚀麻点为失效；

2 铰销轴有裂纹或弯曲变形者为失效；

3 塔机需要重新添置铰连接销轴，宜首选原厂产品。

5.3 起重臂

5.3.1 起重臂上下弦杆铰接接头与主弦杆焊接的焊缝按重要焊缝检测，其余按一般焊缝检查。起重臂各节接头连接叉，必须进行无损探伤。

5.3.2 水平起重臂下弦杆与变幅车轮接触表面出现凹凸不平或磨损量达到原厚度的 10%以上，下弦杆必须按失效处理。

5.3.3 水平起重臂下弦接头轴端挡板焊缝按重要焊缝检测，并检查挡板是否能有效约束连接销向内的窜动，下弦连接销孔是否变形等。若发现挡板有用螺栓固定的现象，必须整改成可靠的固定方式。

5.3.4 起重臂拉杆检查应符合下列规定：

　　1 拉杆两端母体与连接板的焊缝按重要焊缝检测；

　　2 拉杆接头连接销、连接孔应无异常。

5.4 平衡臂

5.4.1 平衡臂臂根铰点焊缝、每节接头焊缝按重要焊缝检测，其余按一般焊缝检查。平衡臂各接头连接板、连接销、连接孔应无异常。

5.4.2 平衡臂支承拉杆（索）的检测应符合下列规定：

　　1 拉杆母体与连接板的焊缝按重要焊缝检测；

　　2 拉杆接头连接板、连接销、连接孔应无异常。

5.4.3 平衡重块，应无裂缝及缺损。

5.5 塔　帽

5.5.1 塔帽顶部加强板与主肢的连接焊缝、塔帽根部与连接耳板的焊缝按重要焊缝检测，其余焊缝按一般焊缝检查；钢管型主肢顶部封头应良好，主肢内不能进水。

5.5.2 塔帽顶部与起重臂、平衡臂支承拉杆的连接板、连接孔、连接销应无异常。

5.5.3 塔帽根部各连接板、连接孔、连接销应无异常。

5.6　过渡节

5.6.1　过渡节上下连接接头焊缝按重要焊缝检测。

5.6.2　与司机室连接的耳板焊缝按重要焊缝检测，其余按一般焊缝检查。

5.6.3　两端接头、司机室挂耳、起重臂根铰点、平衡臂根铰点连接板、连接孔、连接销应无异常。

5.7　套　架

5.7.1　上下顶升横梁与套架主弦杆连接的焊缝、顶升油缸上铰点耳板的连接焊缝、顶升油缸活塞杆铰点耳板的连接焊缝按重要焊缝检测，其余按一般焊缝检查。

5.7.2　套架上平面与下回转支承架接头销或螺栓、销孔或法兰盘应无异常。

5.8　上下回转支承架

5.8.1　回转支承架与上下结构的连接接头焊缝、上下盖板与侧板连接的焊缝、下回转支外支腿与侧板连接的焊缝，均按重要焊缝检测。

5.8.2　回转支承内外圈螺栓逐一检查，发现问题整圈螺栓更换。

5.9　驾驶室

5.9.1　驾驶室与塔机钢结构连接的耳板焊缝按重要焊缝检测，其余按一般焊缝检查。

5.9.2 耳板连接孔、连接件应无异常。

5.9.3 驾驶室内操作台手柄指示标识应清晰。

5.10 塔 身

5.10.1 塔身子单元包括标准节、基础节、附着装置。各标准节、基础节两端接头螺栓套及连接件的焊缝按重要焊缝检测，其余按一般焊缝检查。

5.10.2 管状标准节、基础节主弦杆两端的封头应有效密封。主弦杆内应无积水。

5.10.3 发现标准节主弦杆、腹杆接料，该节应判定为失效。

5.10.4 对于销轴连接的标准节，销孔与销轴的相对间隙应小于0.30 mm。

5.11 底架（或底座）

5.11.1 在同一个平面上的四个法兰盘的平面度偏差应小于相互距离的 1/1 000。

5.11.2 底架或底座所有焊缝均按重要焊缝检测。

5.12 行走式台车架

5.12.1 台车架接头焊缝按重要焊缝检测，其余焊缝按一般焊缝检查。

5.12.2 箱形台车架及箱形支腿内应无积水现象。

5.12.3 支腿纵横向跨距的允许偏差不大于其公称值的 ± 1%。

6 电气系统的安全性鉴定评级

6.1 电气装置

6.1.1 电气保护的设置应符合现行国家标准《塔式起重机安全规程》GB 5144 相关条文的规定。

6.1.2 损坏的或接触不良的电气开关、控制器、接触器、照明等元器件应更换。

6.1.3 主电缆、电线有破损、老化等缺陷或绝缘电阻小于 0.5 MΩ，均应更换。

6.1.4 电缆、电线、接触器等接头螺钉、螺栓应无松动和脱落。

6.1.5 集电器应符合下列规定：

1 电刷和滑环的要求应符合现行国家标准《塔式起重机安全规程》GB 5144 相关条文的规定。

2 电刷明显磨损后应当更换，电刷架如有变形、锈蚀、损伤，应更换。接头螺钉、螺栓应无松动和脱落。

3 滑环磨损后，允许加工，但不得小于原设计直径的 95%。

6.2 安全保护装置

6.2.1 安全保护装置的保护种类至少应满足现行国家标准《塔式起重机安全规程》GB 5144 相关条文的要求。

6.2.2 各行程限位开关的动作应灵敏、可靠。当开关脱离接触时，应能自动复位。

6.2.3 各安全装置（起重力矩限制器、起重量限制器等）与相应结构的连接点应可靠，测力装置本身不应有影响安全的缺陷。

6.2.4 安全保护装置的性能必须可靠。

6.3 操纵系统

6.3.1 操纵系统应符合现行国家标准《塔式起重机安全规程》GB 5144 相关条文的要求。

6.3.2 操纵机构应保证操纵机构的各操作动作互不干扰和不会引起误操作。各操纵件应定位可靠，不得因振动等原因离位。

7 安装后整机检测

7.1 机构的一般检查

7.1.1 机构总成不得缺件，各连接件、紧固件不得有松动现象。

7.1.2 各部件需润滑处应按规定加注润滑油脂，油道畅通，各部油嘴、油杯装配齐全。

7.1.3 传动机构各总成启制动和运转时平稳无冲击、无异常振动和异响，各密封处不得渗油、漏油。

7.2 钢结构的一般检查

7.2.1 表面宏观检查构件及焊缝应无裂纹。

7.2.2 各总成结构件轴心线直线度偏差应小于 $L/1\,000$。

7.2.3 各总成结构件节间弦杆的轴心线直线度偏差应小于 $L/750$。

7.2.4 各走台、栏杆等维护结构应无缺损，安全可靠。

7.3 电气系统的一般检查

7.3.1 开关动作应无异常，电气元、器件外观应无破损。

7.3.2 检查电气系统工作时应无异声、异味等不正常现象。

7.3.3 主电路和控制电路的对地绝缘电阻应符合现行国家标准《塔式起重机安全规程》GB 5144 相关条文的规定。

7.4 安全保护装置的一般检查

7.4.1 安全保护装置外观应无明显的变形或磨损、松动等现象。

7.4.2 安全保护装置触头的动作位置应恰当、正常。

7.5 钢丝绳的外观检查

7.5.1 钢丝绳外观应无不良缺陷，固定应牢固。

7.6 现场连续作业试验

7.6.1 现场连续作业试验。

连续作业循环次数不少于30次,中途因故停机应重新计算总循环次数。

塔机应按设计基本型装配（也可根据情况适当降低独立高度，但应在鉴定报告中说明，以后该机的使用中，不能超过试验时的独立高度），吊重为最大起重量的70%，在相应幅度，起升高度小于10 m，回转180°，再回转到原位，在吊重相对应的幅度范围内往返变幅一次，吊重下降到地面，这一作业过程为一次作业循环。

7.6.2 对于轨道式运行的塔机，连续作业试验还应包括整机往返运行10 m以上距离。

7.6.3 试验后检查各部件，不应有损坏及异常现象。

7.6.4 检查油池温升。齿轮减速器温升≤35 ℃，涡轮蜗杆减速器温升≤60 ℃。

7.7 结构试验

7.7.1 在塔身承受弯矩最大的截面上布置应变片测点，测试出自重产生的最大应力、额定载荷产生的最大应力及与之相应的另一个极值。

7.7.2 剩余寿命估算。

用测出的自重应力和载荷应力叠加出测点的最大应力幅 σ_{Xmax} 和与之对应的 σ_{Xmin}。以此 σ_{Xmax} 作为疲劳许用应力值，根据现行国家标准《塔式起重机设计规范》GB/T 13752 中相关的公式和表格，可估算出该塔机的参考寿命和参考剩余寿命。

7.7.3 在额定载荷作用下，测定起重臂根部水平变位。起重臂根部水平变位应符合现行标准相关条文的要求。

8 塔式起重机安全性鉴定评级

8.0.1 构件或零件安全性鉴定评级见表8.0.1。

表 8.0.1 构件的鉴定评级

检查项目	a_u 级或 b_u 级	c_u 级	d_u 级
连接构造	1. 连接方式可靠，构造正确，工作无异常，或仅有局部表面缺陷； 2. 表面检查或无损探伤未发现超标缺陷	1. 构造方式有一定缺陷，局部存在构造隐患； 2. 表面检查或无损探伤等检测时发现局部有裂纹，可修复	1. 构件多处产生塑性变形； 2. 发现危险性缺陷且无法修复或修复无意义
变形	无明显变形或变形量在相关规范允许的范围内	局部有塑性变形，变形量高于规范要求值的10%以内，可修复	构件整体变形或失稳，变形量超过相关规范值的10%以上
锈蚀	有少量锈蚀，锈蚀深度小于原厚度的8%	有50%以上锈蚀，锈蚀深度达到原厚度的8%~10%	大多数锈蚀，锈蚀深度大于原厚度的10%
磨损	无明显磨损或磨损量小于原厚度的8%	有明显磨损，磨损量达到原厚度的8%~10%	严重磨损或磨损量超过原厚度的10%

8.0.2 钢结构子单元安全性鉴定评级见表8.0.2。

表 8.0.2　钢结构子单元的鉴定评级

子单元（总成）	A_u 级	B_u 级	C_u 级	D_u 级
起重臂 塔帽 平衡臂 过渡节 司机室 回转支承架 顶升套架 塔身 底架或台车	1. 该子单元的 2/3 以上构件为 a_u 级，1/3 以下构件为 b_u 级； 2. 该子单元构造方式正确，工作无异常，或仅有局部表面缺陷 （该子单元可以不经过整改即可继续使用）	1. 该子单元的 2/3 以上构件为 b_u 级，1/3 以下构件为 a_u 级； 2. 该子单元构造方式正确，工作无异常，或仅有局部表面缺陷（该子单元经过简单整改即可继续使用）	1. 该子单元的 2/3 以上构件为 c_u 级，1/3 以下构件为 b_u 级； 2. 该子单元构造方式有一定缺陷，局部存在构造隐患（以上缺陷经过维修、更换后可继续使用。若更换主要构件应做结构试验）	1. 该子单元的 2/3 以上构件为 d_u 级，1/3 以下构件为 c_u 级； 2. 该子单元失去稳定性（以上缺陷若不具有适修性，应判定为失效）

8.0.3　机构子单元的安全性鉴定评级见表 8.0.3。

表 8.0.3　机构子单元的鉴定评级

子单元（总成）	A_u 级 B_u 级	C_u 级	D_u 级
起升机构 变幅机构 回转机构 顶升机构 行走机构	1. 机构转动平稳，无异响及异常振动、摆动； 2. 机构内各零部件无损坏，磨损、锈蚀程度在允许范围之内（该机构减速器仅需更换油池机油即可继续使用；顶升机构仅需更换液压油即可继续使用；如果能按原性能使用应定为 A_u 级；原性能降低 10% 以内，定为 B_u 级）	1. 有不正常的异响、振动，可修复； 2. 零件有局部损坏，或磨损超过标准要求，但能方便的更换局部零件（以上缺陷经过维修、局部更换零部件、整改后可继续使用）	1. 机构有严重的异响、振动，修复困难； 2. 多处零部件损坏，不方便更换（以上缺陷不具有适修性，不应继续使用。若继续使用必须整个机构更换。

8.0.4 电气系统安全性鉴定评级见表 8.0.4。

表 8.0.4　电气系统子单元的鉴定评级

子单元（总成）	A$_u$ 级或 B$_u$ 级	C$_u$ 级	D$_u$ 级
电气装置 安全保护装置 操纵系统	1. 电器箱内布线整齐，各接头触点完好； 　2. 电气保护装置齐全、可靠； 　3. 电器箱防腐、防雨良好，主电路和控制电路的对地绝缘电阻能达到≥0.5 MΩ； 　4. 各种安全保护装置齐全、可靠； 　5. 操纵系统操纵定位准确，标识牢固、可靠，字迹清晰、醒目，操作灵活、可靠（该系统不用经过任何整改就能继续使用，应定为 A$_u$ 级；该电气系统经过简单整改就可继续使用，应定为 B$_u$ 级）	1. 开关动作无异常，布线整齐； 　2. 电气保护装置不齐全，能方便的维修、补充、更换局部元件； 　3. 维修后主电路和控制电路的对地绝缘电阻能达到≥0.5 MΩ； 　4. 安全保护装置不齐全，能补充齐全； 　5. 操纵系统操纵定位准确，标识不牢固，字迹不清楚。需重新标示清楚（以上缺陷经过维修、局部更换、补充元器件，整改后可继续使用）	1. 电器箱接线混乱，原件老化，箱体锈蚀深度超过原厚度的10%； 　2. 电器保护装置不齐全； 　3. 三个以上安全保护装置缺失或不起作用； 　4. 操纵系统定位不准确，标识不清（以上缺陷若不具有适修性，应判定为失效。若需继续使用必须整个部件更换）

8.0.5 鉴定单元安全性评级见表 8.0.5。

表 8.0.5　鉴定单元的评级

鉴定单元	A$_{su}$ 级	B$_{su}$ 级	C$_{su}$ 级	D$_{su}$ 级
钢结构	各子单元级别均为 A$_u$ 级	子单元级别为 A$_u$ 级、B$_u$ 级	子单元中有一个最低的级别为 C$_u$ 级	有一个以上的子单元为 D$_u$ 级
机构	各子单元级别均为 A$_u$ 级	子单元级别为 A$_u$ 级、B$_u$ 级	子单元中有一个最低的级别为 C$_u$ 级	有一个以上的子单元为 D$_u$ 级
电气系统	各子单元级别均为 A$_u$ 级	子单元级别为 A$_u$ 级、B$_u$ 级	子单元中有一个最低的级别为 C$_u$ 级	有一个以上的子单元为 D$_u$ 级

8.0.6 在用塔机安全性鉴定，应分别考虑钢结构、机构、电气系统三个方面的安全性等级，结合结构试验的情况及剩余寿命的估算，综合进行整机的安全性鉴定评级。见表 8.0.6。

表 8.0.6　整机安全性鉴定评级

等级	分级标准	使用要求
A 级	1. 钢结构鉴定单元为 A_{su} 级，机构、电气系统鉴定单元不低于 B_{su} 级； 2. 额定载荷作用下，臂根铰点位移量在标准允许范围内； 3. 未超过额定载荷估算的疲劳寿命	可按原性能的 90%～100%使用
B 级	1. 钢结构鉴定单元不低于 B_{su} 级，机构、电气系统鉴定单元不低于 C_{su} 级； 2. 额定载荷作用下，臂根铰点位移量在标准允许范围内； 3. 未超过 80%的额定载荷估算的疲劳寿命	可按原性能的 80%～90%使用
C 级	1. 钢结构鉴定单元为 C_{su} 级，机构、电气系统为 C_{su} 级； 2. 额定载荷作用下，臂根铰点位移量超过标准允许范围； 3. 未超过 60%的额定载荷估算的疲劳寿命	可降低独立高度，按原性能的 60%～80%使用
D 级	钢结构鉴定单元为 D_{su} 级	严禁使用，判定整机失效

8.0.7 安全性鉴定报告应包括以下内容：

1 塔机的品种、规格型号；

2 塔机的制造单位、出厂日期、出厂编号；

3 塔机产权单位；

4 塔机整体情况概述；

5 钢结构的检测情况；

6 机构的检测情况；

7 电气系统的检测情况；

8 结构应力及刚度的检测情况；

9 安全等级的评定；

10 鉴定后的使用性能表；

11 结论及建议。

本标准用词说明

1　为便于在执行本规程条文时区别对待，对要求严格程度不同的用词，说明如下：

1）表示很严格，非这样做不可的用词：

正面词采用"必须"，反面词采用"严禁"。

2）表示严格，在正常情况下均应这样做的用词：

正面词采用"应"，反面词采用"不应"或"不得"。

3）表示允许稍有选择，在条件许可时首先应这样做的用词：

正面词采用"宜"，反面词采用"不宜"。

4）表示允许有选择，在一定条件下可以这样做的，采用"可"。

2　条文中指明应按其他有关标准和规定执行的写法为："应符合……规定（或要求）"或"应按……执行"。非必须按指定的标准和其他规定执行的写法为："可参照……的规定（或要求）"。

引用标准名录

1 《起重机设计规范》GB/T 3811

2 《锻轧钢棒超声检测方法》GB/T 4162

3 《塔式起重机》GB/T 5031

4 《塔式起重机安全规程》GB 5144

5 《起重机 钢丝绳 保养、维护、检验和报废》GB/T 5972

6 《起重机械安全规程》GB 6067

7 《焊缝无损检测 超声检测技术、检测等级和评定》GB/T 11345

8 《塔式起重机设计规范》GB/T 13752

9 《无损检测 焊缝磁粉检测》JB/T 6061

10 《建筑施工塔式起重机及施工升降机报废标准》DBJ51/T 026

四川省工程建设地方标准

四川省在用建筑塔式起重机
安全性鉴定标准

The standard for the appraisal of safe-state of tower-cranes in
service in construction site in Sichuan Province

DB51/T 5063 – 2018

条 文 说 明

目　次

1 总 则

1.0.1 由于国民经济建设速度的加快，塔机的使用状态（载荷谱）相比以前发生了很大的变化，塔机的满载率（满载率包括两个方面，一方面是载荷的满载率，另一方面是使用时间的满载率即频繁程度）不断提高，事故时有发生。为保障在用塔机的安全使用，有必要制定塔机在安全性能方面的安全性鉴定方法、规则，本标准编制组在调查研究和实践经验总结的基础上制定了本规程。

1.0.2 符合本标准第 3.1.1 条规定的塔机宜进行全面的安全性鉴定。

1.0.3 塔机结构应力循环等级、结构工作级别与塔机使用寿命的计算，在行业中是一个尚未解决的难题。塔机规格多，制造厂的工艺水平、材料性能、制造质量差别很大。而材料性能、部件制造工艺过程、设计方法的优劣、使用环境条件等，都会影响到产品的疲劳寿命。因此，本标准根据单台塔机各个部分的检测中发现的裂纹及其他缺陷或疲劳破坏征兆，结合制造厂的制造质量、当前的应力状况、实际使用状况、保养状况等综合评定塔机的安全性等级。

2 术语和符号

2.1 术　语

2.1.1 ～ 2.1.7 本标准采用的术语及其涵义，是根据下列原则确定的：

1 凡现行工程建设国家标准已规定的，一律加以引用，不再另行给出定义或说明；

2 凡现行工程建设国家标准尚未规定的，由本标准自行给出定义和说明；

3 当现行工程建设国家标准已有该术语及其说明，但未按准确的表达方式进行定义或定义所概括的内容不全时，由本标准完善其定义和说明。

2.2 符　号

对本标准采用的符号，需说明以下两点：

1 本标准采用的符号及其意义,是指根据现行国家标准《工程结构设计通用符号标准》GB/T 50132 标准规定的符号用字规则及其表达方法制定的，但编制过程中，注意了与相关标准的协调和统一。

2 由于对在用建筑塔式起重机的安全性鉴定采用了划分选用等级的评估模式，需对每一层次所划分的安全性等级给出代号，以方便使用。为此，本标准编制组参考现行国家标准《工业建筑可靠性鉴定标准》GB/T 50144 确定了本标准采用的等级代号的主体部份。至于代号的下标，则按现行国家标准《工程结构设计通用符号标准》GB/T 50132 规定"由缩写词形成下标"的规则，经简化后予以确定。这些代号应用范围较为专一，故上述简化不致引起用字混淆。

3 基本规定

3.1 基本要求

3.1.1 塔机是特殊的起重设备，需要定期维护，使用过程中随着起重循环次数的增加，钢结构、机构、电气系统会逐步出现不同程度的缺陷，随着缺陷的增大，危险性也增大。为保障塔机的使用安全，必须在塔机有可能出现征兆时进行全面的安全性鉴定：

    1 塔机安全工作年限主要取决于金属结构的强度和疲劳情况，使用达到一定年限的塔机必须进行安全性鉴定；

    2 为验证塔机主要构件重新加工修复或更换后的效果，应根据情况进行适当项目的鉴定；

    3 该条来源于国家标准《塔式起重机》GB/T 5031—2008第11.6.1条。实际上经过极端天气(暴风雨)、7 度裂度及以上地震，都有可能造成塔机结构、机构的损坏，应针对性地进行鉴定。

3.1.2 该条依据《建筑施工塔式起重机及施工升降机报废标准》DBJ51/T 026—2014 第 3.1.2 条。根据塔机型号、级别不同，载荷满载率各不相同，按级别将建筑施工塔机分为 4 个档次来确定安全性鉴定年限。

3.2 基本内容及程序

3.2.1 安全性鉴定是一种常规的鉴定工作程序，执行时可根据塔机的实际情况进行具体安排。不一定按条文中规定的顺序展开。

2 对于说明书、合格证、履历表、使用维修记录等资料齐全完善的，可核查出厂日期及使用的记录等与实际塔机是否相符，根据实际情况有针对性地制定相应安全性鉴定方案；对于说明书、合格证、履历表、使用维修记录等资料不齐全的，根据塔机各机构的出厂日期可推定塔机的大概出厂日期，根据出厂日期及生产厂的制作质量制定有针对性的安全性鉴定方案。

3 综合调查：塔机安全性鉴定评级是一个全面而综合的评定过程。对于灾害或事故后的塔机，也可针对损坏的构件、部件进行局部鉴定。

7 安全性鉴定评级：由于塔机钢结构、机构、电气系统这三个方面具有相对的独立性，所以将鉴定按这三个方面的内容分项评级，再按设定的规则加以综合鉴定评级。

3.3 鉴定评级标准

3.3.1 根据塔机安全性鉴定的实践经验，塔机鉴定时分级的档数宜适中，不宜太多或过少，本标准采用的鉴定的分级方法，是将塔机划分为构件（含连接）、子单元、鉴定单元三个层次，每个层次四个等级。根据每一层次各检查项目的检查评定结果，结合剩余寿命的估算，确定塔机整机的安全性等级。对于综合观察后无大缺陷的塔机，部分子单元不必细分为构件，如机构、电气、单件的钢结构子单元。允许直接从第二个层次开始安全性鉴定。

3.4 整机失效条件

3.4.1 对于部分能直接观察出子单元变形及缺陷的塔机（如事故后的塔机），三个以上的钢结构子单元失效即可直接判定为整机失效（整机 D 级）。不再进行解体检测逐级评定。

3.5 子单元或构件失效条件

3.5.1 ~ 3.5.3 塔机中的子单元或构件，如果通过观察或简单的测试就可判定其失效，可不进行解体检测，直接按本条的条件判定该子单元或构件为 D_u 级。

4 机构的安全性鉴定评级

4.1 一般规定

4.1.2 市场上机械零件部件良莠不齐，为保障机构更换的零部件的质量及使用性能，规定需更换的主要零部件宜采用原制造厂同型号的产品。易损件可除外。

4.2 起升机构

4.2.3 制动器的检测评定应符合下列规定：

2 凡采用瞬时式（电磁式）制动器的起升机构，宜更换成液力推杆制动器。更换以后应做试验，确保制动可靠。

4.2.6 吊钩的检测评定应符合下列规定：

2 建筑工地现场使用中，由于塔机的吊钩防脱装置很容易损坏，部分使用单位人员在吊钩钩体上焊接螺帽，插入钢筋充当吊钩的防脱装置。这种操作很危险，容易造成吊钩的脆性断裂，必须制止在吊钩上施焊的行为。

4.3 变幅机构

4.3.2 该条依据国家标准《塔式起重机安全规程》GB 5144—2006 第 5.5.1 条的规定。部分塔机变幅机构未设置制动器，若需继续使用应安装制动器。

4.3.3 该条依据国家标准《塔式起重机安全规程》GB 5144—2006 第 6.4 节的规定。部分塔机变幅小车上无断绳保护装置或只在一个方向安装了断绳保护装置，若需继续使用应保证有两副断绳保护装置。

4.3.4 该条依据国家标准《塔式起重机安全规程》GB 5144—2006 第 6.5 节的规定。有部分塔机未设置断轴保护装置，若需继续使用应添加。

4.3.5 小车变幅车轮的检测评定应符合下列规定：

1 该条依据国家标准《塔式起重机安全规程》GB 5144—2006 第 5.6.3 条。该条也可用于大车行走车轮的评定。

4.4 回转机构

4.4.2 该条依据国家标准《塔式起重机安全规程》GB 5144 – 2006 第 5.5.1 条。有部分塔机回转机构未设置制动器，若需继续使用应补充安装制动器。

4.5 顶升机构

4.5.1 对于顶升机构的检测，尽量不分解。进行外观及液压油检查即可。

2 关于液压油，新的系统清洁度一般能达到 NAS-10 级。长期反复使用的液压油一般都不达标。因此，要求委托方在首次鉴定之前应更换液压油。

5 钢结构的安全性鉴定评级

5.1 一般规定

5.1.1 不能通过观察或简单检测直接判定失效的子单元，应解体进行详细检测。检测中除遵循各总成或构件的特定要求外，还应遵循一般规定。

5.1.2 将焊缝分为重要焊缝和一般焊缝，便于对关键焊缝进行详细检测。

5.1.4 解体检测应符合下列规定：

1 在钢结构的检测中，结构件合理的构造与正确的连接方式是结构可靠传力的重要保证。因此在进行钢结构鉴定时必须首先检查有无结构构造不当或连接欠妥的情况；

2 前一次鉴定补焊的地方，再次鉴定时发现该处再次开裂，必须判为失效，不能再次补焊；

3 该条依据国家标准《塔式起重机安全规程》GB 5144—2006 第 4.7.1 条。钢结构检测时若发现构件的面漆成片脱落呈现麻面状点蚀时，往往是该构件的使用功能已遭损害的征兆。这种现象形成有以下条件：一是使用环境比较恶劣；二是漆层老化；三是原制作时表面处理质量低劣，使油漆失去保护作用。不论出自何种原因，都可以预计其锈蚀程度将在不长时间内发展到严重的程度。因此，可以以面漆脱落和点蚀发展程度为标志来划分 b_u、c_u 的界限。

5.2　主要连接件

5.2.1　对于塔身标准节连接用的高强螺栓，原则上宜 3 年进行一次更换。

5.3　起重臂

5.3.3　小车变幅的塔机起重臂子单元重点应检查各节接头。根据国家标准《塔式起重机安全规程》GB 5144—2006 第 4.2.2 条第 3 款，"自升式塔机的小车变幅起重臂，其下弦杆连接销轴不宜采用螺栓固定挡板的形式。"有部分塔机是采用螺栓固定轴端挡板，鉴定单位应督促委托单位整改成可靠的形式。

5.4　平衡臂

5.4.1　平衡臂臂根铰点耳板与平衡臂主肢连接的对接焊缝，很容易出现裂缝，但将焊缝余高打磨后裂纹可能消失，这种情况尽可能补焊，补焊前须将焊缝缺陷完全清除。并观察有无继续发展。

5.8　上下回转支承架

5.8.1　下回转支承架与套架连接的外伸梁根部焊缝在塔身顶升作业时反复承受较大的弯矩作用，容易出现裂纹。该处一般设计为熔透角焊缝，应按重要焊缝检测。

5.10　塔　身

5.10.3　塔机中部分塔身标准节主弦杆、腹杆有焊接接料的现象，根据国家标准《塔式起重机》GB/T 5031—2008 第 5.3.4 条"标准节主肢和腹杆不应接料"的规定，鉴定时发现塔身标准节弦杆及腹杆接料的情况，该节应判定为失效。

5.11　底架（或底座）

5.11.1　该条主要考核底架的翘曲变形。

5.11.2　塔机底架一般设计为工字钢焊接框架，底架与塔身基础节一般采用法兰盘加高强螺栓连接。底架法兰盘的阴面通过角焊缝与底架工字钢翼缘板的两边缘焊接，由于底架所处环境较差（有时泡在水中）角焊缝容易腐蚀且不易观察，该焊缝腐蚀及裂开导致的塔机整机倾覆事故时有发生。因此，鉴定时检查法兰盘阴面角焊缝非常重要。

6 电气系统的安全性鉴定评级

6.1 电气装置

6.1.2 ～ 6.1.4 电气系统使用一定年限后通常都存在一定的问题，视其情况重新布线或更换电气箱。

6.2 安全保护装置

6.2.1 部分塔机缺回转限位器、缺起重量限制器等安全装置，若继续使用，必须全部配齐。

7 安装后整机检测

7.7 结构试验

7.7.1 ~ 7.7.2 结构试验的目的是测出该塔机使用应力的大小，按国家标准《塔式起重机设计规范》GB/T 13752—2017（以下称《塔规》）反推塔机寿命。具体方法是：根据结构试验结果，取塔身根部最大应力值 σ_{Xmax} 及与之相应的另一个极值 σ_{Xmin}，按《塔规》中（59）式计算出应力循环特性值 r，根据塔身材料牌号，从《塔规》表36查出疲劳强度计算公式。将循环特性值及测出的塔身根部最大应力值作为该机疲劳强度值代入，可解得 σ_{-1}（σ_{-1} 为应力循环特性值 $r = -1$ 时的疲劳强度基本值）。又由测点的构造查应力集中等级表 K.2，可查出其应力集中等级，根据应力集中等级及解出的疲劳强度基本值从《塔规》表38中查到 σ_{-1}。根据材料牌号可在《塔规》表38中查出该塔机的构件工作级别 E_i，另根据此塔机的工作情况由《塔规》表13中查出应力状态为 S_i，再由构件工作级别 E_i 和应力状态 S_i 从《塔规》表14中确定该塔机结构件的使用等级为 B_i，由此从《塔规》表12中查出此塔机结构件的总应力循环数。通过调查统计得出塔机的实际年平均循环次数，从而算出塔机总寿命。

8 塔式起重机安全性鉴定评级

8.0.1 在塔机的安全事故中，由于构造与连接不当或连接工艺不当而引起的各种破坏（如失稳以及过度应力集中、次应力造成的破坏等）占有相当大的比例。构造的正确性与可靠性总是结构件正常承载能力最重要的保证。一旦构造出了严重问题（特别是连接构造），便会直接危及结构的安全。因此，连接构造、变形、腐蚀、磨损是衡量构件安全性的重要标志。构造如果有问题应尽可能地整改以后再评估。钢结构锈蚀的检查结果，反映出构件的锈蚀深度，其所造成的影响将不仅仅是单纯的截面削弱，而且还会引起钢材更深处的晶间断裂或穿透，这相当于增加了应力集中的作用，显然要比单纯的截面减少更为严重。所以，当以截面削弱来划分影响继续承载的锈蚀界限时，有必要考虑这种微观结构破坏的影响。可以以锈蚀发展程度为标志来划分 b_u、c_u 的界限。

构件或零件更换后根据情况可评定为 a_u 或 b_u 级。

8.0.2 ~ 8.0.4 塔机第二层次（子单元）的鉴定评级是按塔机的总成划分的。对于机构总成，若运转中无明显的偏摆、异响和较大的振动，可直接从第二层次（子单元）进行鉴定评级。某些钢结构子单元（如塔帽、过渡节、司机室、回转支承等）、电气系统子单元也可以直接从第二层次（子单元）进行鉴定评级。

8.0.5 组成鉴定单元的任意一个子单元发生问题都将影响整个鉴定单元的安全性，因此，取较低一个子单元的等级作为鉴定单元的等级。

8.0.6 当需要给出被鉴定对象的安全性等级时，本标准遵循以安全为主的原则，以钢结构鉴定单元的级别作为评定整机安全性等级的主要依据，同时参考疲劳寿命的估算值及其它因素进行评级。鉴定后原则上应重新给出使用性能表（即 Q、R 表）。若塔机整个情况较好，可按塔机级别相应的使用要求取接近上限的值，反之则取下限值。

8.0.7 安全性鉴定报告的编写要求：本标准对鉴定报告的格式不强求统一，但应包括本条规定的内容，以保证鉴定报告的质量。长期以来的鉴定经验表明，尽管严格的按照检测结果评价，但鉴定人员的结论总是与以后的维修和使用相联系，特别是 C 级或接近 C 级边缘的塔机，其如何观察、维修、使用，在很大程度上左右着鉴定的最后结论。一般来说，鉴定人员对容易加固的结构其结论往往是建议保留原件；对很难修复的结构或容易更换的构件，其结论往往倾向于更换。这说明鉴定人员总要考虑结构的适修性问题。所谓的适修性，是指一种能反映塔机适修程度与修复价值的技术与经济综合特性。对于这一特性，委托方尤为关注。因为塔机鉴定评级固然重要，但他们更需知道的是该塔机能否修复和是否值得修复的问题，因而要求在鉴定报告中有所交代。